**Opus 86**

# SSP AG
# RWTH Aachen
# Fakultät für Maschinenwesen

**Text**
**Frank R. Werner**

**Photographien / Photographs**
**Jörg Hempel**

**Edition Axel Menges**

Herausgeber / Editor: Axel Menges


ISBN 978-3-932565-86-1



Druck und Bindearbeiten / Printing and binding: Graspo CZ, a. s., Zlín, Tschechische Republik / Czech Republic

Gestaltung / Design: Axel Menges

**Inhalt**



**Contents**

Frank R. Werner

**Renaissance eines innerstädtischen Universitätsareals**

Anmerkungen zu einem zukunftsweisenden Neubau und einem nachhaltig ertüchtigten Altbau der Fakultät für Maschinenwesen der Rheinisch-Westfälischen Technischen Hochschule Aachen

## Prolog

Historische Universitäten verfügen häufig über Lehr- und Forschungsstätten, die über die ganze Innenstadt verstreut und nicht selten in denkmalgeschützten Altbauten untergebracht sind. Neue Universitäten hingegen, insbesondere Neugründungen, entstanden nach dem Zweiten Weltkrieg, konnten ihre Campusareale auf der sprichwörtlichen »grünen Wiese« abseits der Innenstädte errichten. Die Stadt Aachen verkörpert insofern eine Ausnahme, als sie der heimischen Rheinisch-Westfälischen Technischen Hochschule im Laufe der Jahre sowohl innerstädtische als auch periphere Campusbereiche zur Verfügung gestellt hat.

Aber nicht nur in Aachen sind Universitätsgebäude, die nach dem Zweiten Weltkrieg errichtet wurden, schon länger als ausgesprochene Sorgenkinder verstärkt in den Fokus öffentlichen Interesses gerückt. In den 1950er und 1960er Jahren galten Bildungsbauten für schulische und universitäre Zwecke zwar als prestigeträchtige Vorzeigeprojekte. Aber die ökonomische Situation der jungen Bundesrepublik ließ gestalterischen Höhenflügen kaum Spielraum. Daher kamen die frühen Universitätsgebäude baukünstlerisch wie bautechnisch in der Regel relativ karg und einfach daher. Neidvoll blickten vor allem jüngere Planer auf die durchgängig hohe Konstruktions- und Gestaltqualität etwa des Campus Illinois Institute für Technology in Chicago. Dort war das Gelände des IIT im Süden Chicagos seit 1938 von Ludwig Mies van der Rohe geplant und sukzessive überbaut worden. Universitätsbauten aus seiner Hand wie das Alumni Building (1945) oder die S. R. Crown Hall (1954–56) gelten bis heute als richtungsweisend.

Im Vergleich dazu artikulierten sich hierzulande viele der unfreiwilligen universitären »Arte-Povera-Bauten« der frühen Jahre in aller Regel als bis zur Unkenntlichkeit abgespeckte Mies-van-der-Rohe-Kopien, wobei Ausnahmen die Regel bestätigen. Mit zunehmender Verbesserung der Fertigungsprozesse, der Konstruktionen und Materialien gewannen aber auch die hiesigen Universitätsbauten allmählich wieder an Statur. Man denke nur an die zahlreichen Neubauten deutscher Hochschulen aus den 1970er und 1980er Jahren. Gleichwohl blieben Universitätsbauten Stiefkinder des Baugeschehens, was freilich auch auf die mangelhafte Bauunterhaltung vieler früherer Vorlesungs- und Forschungsgebäude zurückzuführen war. Wer wie der Autor dieses Textes das zweifelhafte Vergnügen hatte, jahrelang selbst in einem inzwischen abgerissenen, verwahrlosten, undichten und klimatechnisch gänzlich defizitären Campusgebäude forschen und lehren zu müssen, der weiß davon ein Lied zu singen, wobei ihn seinerzeit vor allem der Gedanke quälte, wie junge Studenten ausgerechnet in einer derartig heruntergekommenen Architektur zu verantwortungsbewußten, guten Architekten ausgebildet werden könnten.

Erst zu Beginn des 21. Jahrhunderts kam ein frischer Wind auf, was vor allem den baukünstlerischen Ambitionen süddeutscher Universitätsbauämter zu verdanken war. Schon die Jahre nach der deutschen Wiedervereinigung von 1989 bedeuteten einen regelrechten Aufschwung, brachten neue Impulse und Standards für Universitätsneubauten. Der Gedanke begann sich allmählich immer stärker zu verfestigen, daß ein gesunder Geist nicht nur in einem gesunden Körper, sondern auch nur in einer gesunden, sprich guten nachhaltigen Architekturumgebung gedeihen könne. Dies bedeutete deutschlandweit eine wirkliche Renaissance des Universitätsbaus. Heute zählen Projekte dieses Genres zu den prestigeträchtigeren Aufgaben renommierter Architekturbüros, so auch im Fall von SSP.

## Städtebauliche Voraussetzungen und stadträumliche Strategien

Es gibt Neubauten, die ihren Namen verdienen, weil jedes Bauteil bis hin ins kleinste Detail hinein neuwertig ist. Andererseits stoßen wir aber auch immer häufiger auf »Neubauten«, die das Resultat hoch komplexer Transformationsprozesse vorgefundener Baustrukturen ver-

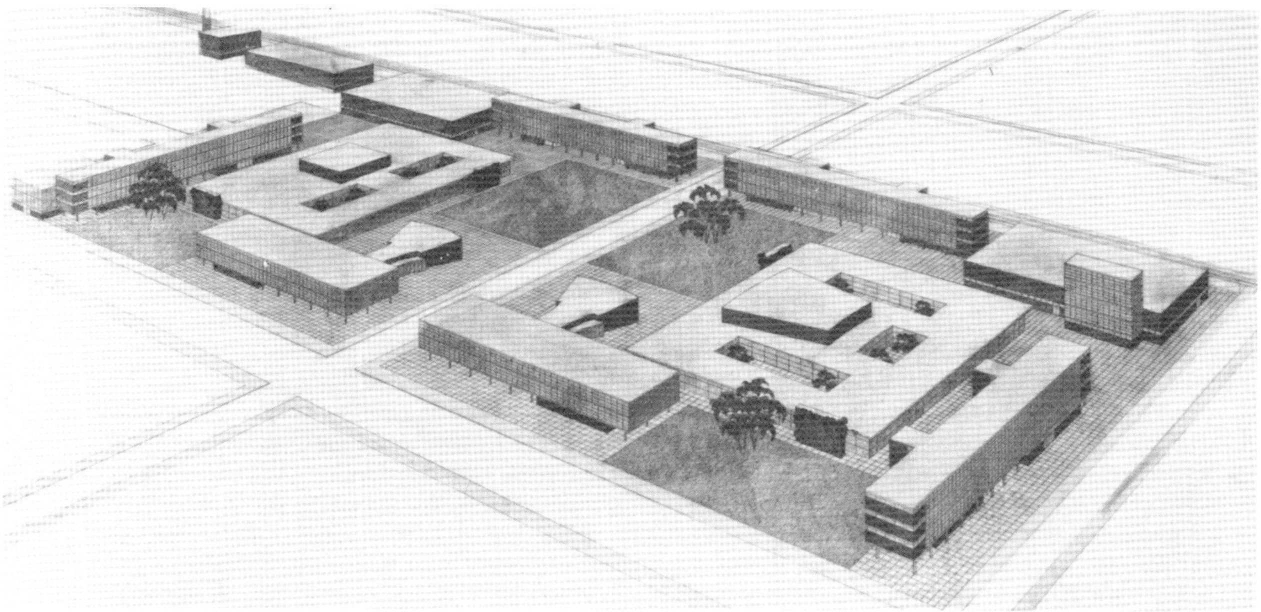

1. Ludwig Mies van der Rohe, Illinois Institute of Technology, Chicago. Vorprojekt, 1939. (The Museum of Modern Art, New York.)
2. Ludwig Mies van der Rohe, S. R. Crown Hall, Illinois Institute of Technology, Chicago, 1954–56. (Photo: Andreas Schwarting.)
3. Situationsskizze. 1 Rathaus, 2 Dom, 3 Hauptgebäude der RWTH, 4 Sammelbau und Technikum der Fakultät für Maschinenwesen. (Archiv SSP.)
4. Luftphoto der Innenstadt von Aachen mit Rathaus, Dom, Hauptgebäude der RWTH sowie Sammelbau und Technikum der Fakultät für Maschinenwesen vor dem Umbau.

1. Ludwig Mies van der Rohe, Illinois Institute of Technology, Chicago. Preliminary project, 1939. (The Museum of Modern Art, New York.)
2. Ludwig Mies van der Rohe, S. R. Crown Hall, Illinois Institute of Technology, Chicago, 1954–56. (Photo: Andreas Schwarting.)
3. Situation sketch. 1 city Hall, 2 cathedral, 3 main building of the RWTH, 4 Sammelbau and Technikum of the Faculty of Mechanical Engineering. (Archive SSP.)
4. Aerial photo of Aachen city centre with city hall, cathedral, main building of the RWTH and Sammelbau and Technikum of the Faculty of Mechanical Engineering before the reconstruction.

Frank R. Werner

**Renaissance of an inner-city university site**

Notes on a future-oriented new building and a sustainably upgraded old building of the Faculty of Mechanical Engineering at the Rheinisch-Westfälische Technische Hochschule Aachen

## Prologue

Historic universities often have teaching and research facilities scattered throughout the city centre and often housed in listed old buildings. New universities, on the other hand, especially those founded after the Second World War, were able to build their campuses on the proverbial »green fields« away from the city centres. The city of Aachen is an exception in that over the years it has made both inner-city and peri-urban campus areas available to the local Rheinisch-Westfälische Technische Hochschule.

But it is not only in Aachen that university buildings that were erected after the Second World War have long been the focus of public interest. In the 1950s and 1960s, educational buildings for school and university purposes were considered prestigious showcase projects. But the economic situation of the young Federal Republic of Germany left little room for creative flights of fancy. As a result, the early university buildings were usually relatively sparse and simple in terms of both architectural design and construction. Younger planners in particular looked enviously at the consistently high construction and design quality of the Illinois Institute of Technology campus in Chicago. There, the grounds of the IIT in the south of Chicago had been planned and successively built over by Ludwig Mies van der Rohe since 1938. University buildings designed by Mies van Rohe, such as the Alumni Building (1945) or the S. R. Crown Hall (1954–56), are still considered trend-setting today.

In comparison, many of the involuntary university »Arte Povera buildings« of the early years in this country were generally slimmed-down copies of Mies van der Rohe beyond recognition. Exceptions confirm the rule. With increasing improvements in production processes, constructions and materials, however, the local university buildings gradually regained their stature. Just think of the numerous new buildings of German universities from the 1970s and 1980s. Nevertheless, university buildings remained the stepchildren of the construction industry. Admittedly, this was also due to the poor building maintenance of many of the earlier lecture and research buildings. Anyone who, like the author of this text, had the dubious pleasure of having to research and teach for years in a campus building that has since been demolished, is dilapidated, leaks and is completely lacking in air-conditioning knows a thing or two about it. At the time, he was tormented by the thought of how young students could be trained to become responsible, good architects in such a run-down building.

It was not until the beginning of the 21st century that a breath of fresh air arose, thanks above all to the architectural ambitions of southern German university building departments. The years after German reunifi-

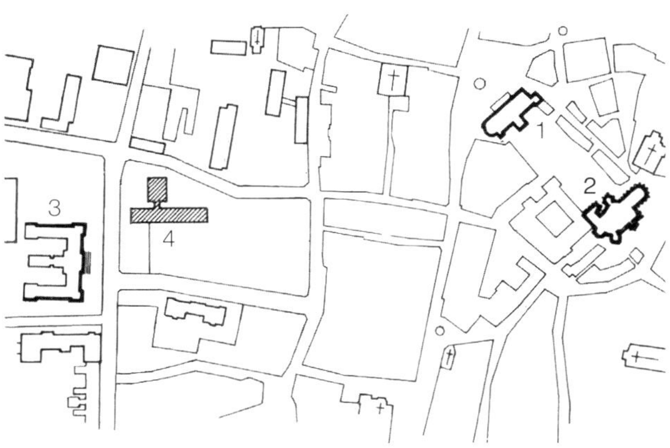

körpern. Von einem ebenso eindrücklichen wie nachhaltigen Vorzeigeobjekt dieser Gattung soll hier die Rede sein. Es handelt sich um die Restrukturierung und Erweiterung eines universitären Bauensembles auf der Campusmitte der RWTH Aachen, geplant und realisiert von SSP, wobei der Vorstand Thomas Schmidt mit seinem Kernteam Thorsten Lage, Stefan Bielefeld und Matthias Risse die Gesamtleitung innehatte und dem Team Matthias Risse, Dietmar Sommer, Timo Sommer und Takashi Fukushima die technische Gebäudeausrüstung dieses hochkomplexen modellartigen Projekts oblag.

Damit schließt sich dieses von der SSP betreute Vorhaben nahtlos an die zahlreichen Projekte an, die das Büro im Laufe der Jahre über internationale und nationale Architekturwettbewerbe und Verfahren gewonnen hat. Für viele seiner vorbildlichen Bauprojekte und innovativen Entwurfsmethoden erhielt SSP wiederholt hochkarätige Auszeichnungen. Die seit 40 Jahren bestehende und zu den führenden integralen Planungsbüros zählende Architekten- und Ingenieurgemeinschaft beschäftigt an verschiedenen Standorten deutschlandweit etwa 180 Mitarbeiter aus unterschiedlichsten Fachdisziplinen. Unter der Federführung von SSP konnten seit der Gründung mehr als 500 Projekte unterschiedlichster Größenordnungen und Bautypologien erfolgreich abgeschlossen und an die Bauherren übergeben werden.

Weit über derartige Statistiken hinausreichend, besteht der eigentliche Mehrwert der SSP-Arbeit vor allem darin, daß das Büro nicht nur hochwertige Architektur im landläufigen Sinne abliefert, sondern auch das komplette Spektrum zusätzlich erforderlicher Fachdisziplinen gleichsam »hausgemacht« und »maßgeschneidert« vom ersten Planungsschritt an interdisziplinär, ausgestattet mit entsprechender Expertise, vernetzt mit anbieten kann. Dadurch werden Reibungsverluste bei der Einbeziehung und Koordination fremder Fachdisziplinen vermieden, wobei das Kompetenzangebot von Aspekten wie Städtebau, Immobilienstrategien, Projektentwicklung, Projektsteuerung oder Gebäudemanagement bis hin zur technischen Gebäudeausstattung, zum Brandschutz und allen voran zu differenziertem Nachhaltigkeitskonzepten reicht.

Diese bestechende »Allrounder-Kompetenz« ist nur eine von mehreren Alleinstellungsmerkmalen von SSP im derzeitigen Planungs- und Baubetrieb. Die Vereinigung baukünstlerischer, bautechnischer, bauökonomischer und bauökologischer Expertisen in einer alles managenden Hand hat sich gleichwohl als äußerst produktiv erwiesen. Zusammen mit der bestechenden Gestaltqualität der zahlreichen Um- und Neubauten dürfte sie eine der wichtigsten Begründungen für den internationalen wie nationalen Erfolg von SSP sein (vergl. hierzu auch die Opus-Bände 77 und 85). So darf man mit Fug und Recht behaupten, daß die Architekten und Ingenieure von SSP mit einigen ihrer Bauten im übertragenen Sinne bereits Geschichte geschrieben haben.

Gerade bei Projekten, die den Umbau herausragender, aber abgenutzter Bauten aus der Hand prominenter Vorgänger wie Ferdinand Kramer oder anderer Baumeister betrafen, haben die Architekten und Ingenieure von SSP auf vorbildhafte, ja geradezu bestechende Weise demonstriert, wie Bauten (darunter sogar denkmalgeschützte) nachhaltig ertüchtigt werden können, ohne Corporate Identity und Entwurfsmethoden des eigenen Büros hintanzustellen, womit wir wieder auf den innerstädtischen Campus der RWTH Aachen zurückkehren.

Mit ersten Projektarbeiten konnte dort im Jahre 2004 begonnen werden. Zuvor hatte der Bau- und Liegenschaftsbetrieb Nordrhein-Westfalen europaweit einen Wettbewerb ausgeschrieben, welcher die Sanierungs- und Nachverdichtungsoptionen für den in die Jahre gekommenen »Sammelbau« der Fakultät für Maschinenwesen und dessen Umfeld auf dem innerstädtischen Campus der RWTH Aachen überprüfen sollte. Der Entwurf von SSP ging aus diesem Verfahren als eindeutiger Sieger hervor, weil er im Gegensatz zu anderen Wettbewerbsbeiträgen nicht auf Abriß und Neubau gesetzt hatte. Statt dessen schlug er eine nachhaltige Transformation des bestehenden alten Sammelbau-Hochhauses vor. Darüber hinaus sollte in einem ersten Bauabschnitt zwecks Nachverdichtung und Erweiterung ein neues Technikum auf den Fundamenten eines ehemaligen Parkhauses errichtet werden – gleichsam als Missing Link fungierend zwischen dem Neubau und älteren Bestandsbauten ringsum. Um den enormen Mehrwert dessen zu verstehen, was dann in den Folgejahren aus diesen Grundüberlegungen heraus vor Ort tatsächlich entstanden ist, sollte zunächst einmal die fragile städtebauliche Situation des neu-alten Ensembles und seiner stadträumlichen Verflechtungen etwas eingehender betrachtet werden.

Im Gegensatz zu den peripheren Campuskonstellationen meist jüngerer Universitäten befindet sich die mit zahlreichen Solitären und Ensembles besetzte Campusmitte der RWTH Aachen unmittelbar am Rand des historischen Stadtkerns, fast in Sichtweite des altehrwürdigen Aachener Doms. Dies hat zur Folge, daß jeder Eingriff auf und in diesem Areal fast zwangsläufig einen Rattenschwanz städtebaulicher wie stadtgestalterischer Auswirkungen nach sich zieht. Erschwerend kommt hinzu, daß auf dem betroffenen Universitätsareal und seinen Nachbarschaften denkmalgeschützte Bauten, Sichtachsen und Wegeverbindungen eingelagert sind, die bei jedem Eingriff in sensibler Weise berücksichtigt werden müssen. Und als wäre all das nicht schon genug an »Restriktionen«, wirkt schon die Campusmitte – allein für sich betrachtet – mit ihrer übergeordneten städtebaulichen Makro-Struktur wie eine Zeitmaschine, wie eine Art Bühne oder Schaufenster für konstruktiv wie stilistisch höchst heterogene Universitätsgebäude und Architekturvorstellungen aus älterer und jüngerer Vergangenheit.

Das von SSP durch Bauten und Plätze restrukturierte und mit einem starken Gefälle versehene Mikro-Areal liegt gleichsam im Fadenkreuz zweier historischer, über lange Zeit hinweg vernachlässigter Wegeverbindungen.

So wäre da zum einen der lange, von Nordosten nach Südwesten verlaufende Wegraum zu nennen. Als bedeutende Sicht- und Wegachse verbindet er die denkmalgeschützte barocke Theresienkirche über die Längsflanke des Sammelbaus hinweg mit einem imposanten Backsteinbau aus der Zeit des Historismus. Es handelt sich um ein ehemaliges, heute von der RWTH genutztes, gleichfalls denkmalgeschütztes Mädchengymnasium. Von hier aus führt die Sicht- und Wegachse in ihrer Verlängerung weiter bis zum Kármán-Auditorium.

Quer zu dieser prägnant heraus präparierten, vor allem aber auch denkmalrelevanten Durchwegung führt eine kürzere fußläufige Verbindung vom tiefer gelegenen Kaiser-Karls-Gymnasium über Treppenstiegen aufwärts zum höher gelegenen Bauensemble von Technikum und Sammelbau, dort, wo sich vor langer Zeit einmal ein längst aufgelassener Klostergarten befand. Einladend

5. SSP, Sammelbau und Technikum der Fakultät für Maschinenwesen im städtischen Kontext. Ideenskizze von Thomas Schmidt.

5. SSP, Sammelbau and Technikum of the Faculty of Mechanical Engineering in their urban context. Idea sketch by Thomas Schmidt.

cation in 1989 already meant a real upswing, brought new impulses and standards for new university buildings. The idea gradually began to take root that a healthy mind could thrive not only in a healthy body, but also only in a healthy, i. e. good, sustainable architectural environment. This meant a real renaissance of university building throughout Germany. Today, projects of this genre are among the more prestigious assignments of renowned architectural firms, as in the case of SSP.

## Urban planning conditions and urban strategies

There are new buildings that deserve their name because every component is as good as new, right down to the smallest detail. On the other hand, however, we increasingly come across »new buildings« that embody the result of highly complex transformation processes of existing building structures. Here we will talk about a showpiece of this genre that is as impressive as it is sustainable. It is the restructuring and extension of a university building ensemble on the central campus of RWTH Aachen, planned and realised by SSP, with the board member Thomas Schmidt and his core team of Thorsten Lage, Stefan Bielefeld and Matthias Risse in charge of the overall management and the team of Matthias Risse, Dietmar Sommer, Timo Sommer and Takashi Fukushima responsible for the technical building equipment of this highly complex model-like project.

This project, supervised by SSP, thus seamlessly follows the numerous projects that the office has won over the years through international and national architectural competitions and procedures. SSP has repeatedly received top-class awards for many of its exemplary building projects and innovative design methods. The architects' and engineers' association, which has been in existence for 40 years and is one of the leading integral planning offices, employs around 180 people from a wide range of specialist disciplines at various locations throughout Germany. Under the leadership of SSP, more than 500 projects of various sizes and building typologies have been successfully completed and handed over to the clients since its foundation.

Far beyond such statistics, the actual added value of SSP's work lies above all in the fact that the office not only delivers high-quality architecture in the usual sense, but can also offer the complete spectrum of additionally required disciplines in an interdisciplinary, networked and »customised« manner from the first planning step onwards, equipped with the corresponding expertise. This avoids friction losses in the involvement and coordination of external disciplines. The expertise offered ranges from aspects such as urban planning, real estate strategies, project development, project control or building management to technical building equipment, fire protection and, above all, differentiated sustainability concepts.

This impressive »all-rounder competence« is only one of several unique selling points of SSP in the current planning and construction business. The combination of expertise in architectural art, construction technology, construction economics and construction ecology in one single managing hand has nevertheless proven to be extremely productive. Together with the impressive design quality of the numerous conversions and new buildings, it is probably one of the most important reasons for the international and national success of SSP (cf. Opus volumes 77 and 85). It is therefore fair to say that the architects and engineers of SSP have already made history in a figurative sense with some of their buildings.

Especially in projects involving the conversion of outstanding but worn-out buildings by prominent predecessors such as Ferdinand Kramer or other master builders, the architects and engineers of SSP have demonstrated in an exemplary, even captivating way how buildings (including even listed ones) can be sustainably upgraded without sacrificing the corporate identity and design methods of their own office. Which brings us back to the inner-city campus of RWTH Aachen.

The first project work began there in 2004. Prior to this the Bau- und Liegenschaftsbetrieb Nordrhein-Westfalen (North Rhine-Westphalia Construction and Property Management Company) had announced a Europe-wide competition to examine the redevelopment and redensification options for the aging »Sammelbau« (collective building) of the Faculty of Mechanical Engineering and its surroundings on the inner-city campus of RWTH Aachen. SSP's design emerged as the clear winner of this process because, in contrast to other competition entries, it did not focus on demolition and new construction. Instead, it proposed a sustainable transformation of the existing old high-rise Sammelbau. In addition, a new technical centre (the »Technikum«) was to be built on the foundations of a former multi-storey car park in a first construction phase for the purpose of densification and expansion – acting as a missing link, so to speak, between the new building and the older existing buildings around it. In order to understand the enormous added value of what actually emerged on site in the following years from these basic considerations, we should first take a closer look at the fragile urban planning situation of the new-old ensemble and its interconnections in the urban space.

In contrast to the peripheral campus constellations of mostly younger universities, the central campus of RWTH Aachen, with its numerous solitaires and ensembles, is located directly on the edge of the historic city centre, almost within sight of the venerable Aachen Cathedral. The consequence of this is that any intervention on and in this area almost inevitably entails a rat's tail of urban development and urban design effects. The situation is aggravated by the fact that the university site and its neighbourhoods contain listed buildings, visual axes and pathways that have to be sensitively taken into account in any intervention. And as if all this were not enough in terms of »restrictions«, the central campus – viewed alone – with its superordinated urban macro-structure acts like a time machine, like a kind of stage or showcase for constructively and stylistically highly heterogeneous university buildings and architectural ideas from the older and more recent past.

The micro-area, restructured by SSP with buildings and squares and with a steep gradient, lies, as it were, in the crosshairs of two historical pathways that have been neglected for a long time.

On the one hand, there is the long path running from the north-east to the south-west. As an important visual and path axis, it connects the listed Baroque There-

gestaltete, intime kleine Freiräume im Bereich unterhalb und oberhalb des neuen Technikums passierend, erreicht man weiter oben die Stirnseite des Sammelbaus und gleich ums Eck herum auch dessen repräsentativen Haupteingang. Aus einer zuvor extrem verwahrlosten Hinterhofsituation ist hier eine von Studenten wie Flaneuren dankbar angenommene Zone hoher Aufenthaltsqualität entstanden. Gleichsam als Mehrwert optimiert sie zudem den Zugang zu den angrenzenden Gebäudeflügeln des sehr gepflegten, benachbarten Instituts für Werkstoffkunde aus den 1950er Jahren. Der ehedem introvertierte alte Klostergarten hat sich in ein dankbar angenommenes, sinnlich anregendes System von öffentlich zugänglichen Plätzen, Passagen und Treppenstiegen mit hoher Aufenthaltsqualität verwandelt.

### Ein erster Schritt zur Nachverdichtung: der Neubau des Technikums

Für den ersten integralen Baustein der angestrebten Nachverdichtung, den von SSP konzipierten und ohne konzeptionelle Abstriche ausgeführten Neubau des Technikums, war erstaunlicherweise kein zusätzlicher Verbrauch vorhandener Flächen notwendig, weil man nämlich zur Fundierung des Technikum-Neubaus den Unterbau eines maroden, über 14 Jahre leerstehenden und bereits stark zurückgebauten Parkhauses übernehmen konnte. Notwendige Vorarbeiten, wie das Ausheben einer Baugrube, der Bau eines Fundaments oder die Anlage von Bodenplatten, konnten damit eingespart werden. Mithin wurde auch der Energieverbrauch optimiert. Zusätzlich konnten die unterschiedlichen Niveaus des zum Augustinerbach hinabfallenden Grundstücks über den Sockel des Technikums ebenso geschickt wie nutzungskonform miteinander verbunden werden.

Das in allen Geschoßdecken mit einer Betonkernaktivierung ausgerüstete Technikum beherbergt in seinem flachen, breit ausladenden und mit anthrazitfarbigen Faserzementplatten verkleideten Sockel eine imposante, zweigeschossige Maschinenhalle. Annähernd U-förmig wird diese auf drei Seiten über Arkadengänge von auf zwei Geschossen angeordneten Laborräumen flankiert. Quer über den breiten Hallentrakt und ihn wie eine Klammer oder Brücke übergreifend, haben die Architekten einen schmalen, sechsgeschossig verglasten Büroriegel gespannt. Dort, wo dieser Riegel auf der atmosphärisch wohltemperierten, luftigen Pfeilerhalle für das maschinelle Lehr- und Forschungsequipment des Technikums aufliegt, wird der hohe Hallenraum darunter über streifenartig arrangierte Deckenleuchten belichtet. Im Flachdachbereich neben der aufgesetzten Gebäudespange erhält die Halle über große Oberlichtkanonen direktes Tageslicht. Breite hohe Toröffnungen zu dem neuen Vorplatz zwischen dem Technikum und dem benachbarten Institut für Werkstoffkunde gewährleisten reibungslose Transportwege und sorgen zusätzlich zu den Oberlichtern für Nachtauskühlung und Entrauchung.

Im Gegensatz zu dem monolithisch wirkenden, anthrazitfarben verkleideten, breit gelagerten Block für die Maschinenhalle mit den ihr zugeordneten Laborbereichen mutet die aufgesetzte schmale Gebäudespange für Büros und Seminarräume regelrecht grazil an. Das bewirken vor allem ihre längsseitig vorgehängten, hinterlüftenden Glasfassaden mit horizontalen Streifen in alternierenden Blautönen. Wie auch in den übrigen Bereichen der gesamten Baugruppe wurden die Farbtöne in enger Absprache mit der Denkmalpflege entwickelt, wobei sie im wesentlichen aus der subtilen Farbgebung des denkmalgeschützten Nachbargebäudes für Werkstoffkunde aus den 1950er Jahren abgeleitet worden sind. Auch die Materialwahl und die Höhenauslegung des Neubaus orientieren sich am Bestand der angrenzenden Bauten aus den 1950er Jahren.

Die Frontseite des blaugestreiften neuen Gebäuderiegels ist über ihre gesamte Höhe und Breite dunkel verglast. Hier befindet sich, fast bühnenartig präsentiert, das Haupttreppenhaus nebst Aufzug. Von hier aus ist jedes Geschoß barrierefrei zu erreichen. Die zweite Stirnseite beherbergt das Nottreppenhaus. Mithin stellt sich der Neubau des Technikums von allen Seiten her gleichermaßen ausgewogen wie formalästhetisch überzeugend dar. Darüber hinaus wirkt ihm die Rolle eines städtebaulichen Missing Link, eines Vermittlers zwischen verschiedenen topographischen Niveaus und entsprechenden Wegnetzen, zwischen den Mikro- und Makrostrukturen des disparaten Campusareals, zwischen lebendiger Öffentlichkeit und abgeschirmtem Lehr- und Forschungsbetrieb, wie maßgeschneidert auf den Leib geschrieben. Auf stupende, weil fast schon selbstverständlich wirkende Weise scheint sich der Neubau alle an ihn gestellten Forderungen und Erwartungen ebenso sinnfällig wie ansprechend einverleibt zu haben.

Und dennoch bleiben Mehrwert und Effizienz des neuen Technikums den Augen des flüchtigen Betrachters weitgehend verborgen. So garantiert das überaus effektive A / V-Verhältnis, das Oberfläche-zu-Volumen-Verhältnis, von 0.32 mit dem auf Wandelbarkeit angelegten Gebäudegrundriß den Lehrstühlen die Möglichkeit, optimal auf künftige Veränderungswünsche zu reagieren. Der erforderliche Sonnenschutz wurde durch die Reduzierung auf ein Flächenverhältnis von 40 % Verglasungsanteil am Gesamtgebäude, durch eine effiziente Sonnenschutzverglasung in Kombination mit Wärmeschutzglas Ug 1.0 sowie einen innen liegenden Blendschutz zu allen Seiten hin erreicht.

Die Architekten von SSP betonen, daß zu den wichtigsten Komponenten in Sachen energiegerechtes, nachhaltiges, gleichermaßen ökologisches wie ökonomisches Planen und Bauen Wandelbarkeit gehört. Künftige Veränderungen sollten daher ohne größere Umbauten und Eingriffe möglich sein. Die variable Verwendungsmöglichkeit sei »der wichtigste Indikator für eine hochwertige integrale Planung, welche die architektonische Qualität mit der Wirtschaftlichkeit und der Umweltfreundlichkeit verbindet«. In diesem Sinne hat man den Neubau des Technikums zukunftsorientiert für vier Lehrstühle geplant und so vorgerüstet, daß bauliche Anpassungsfähigkeit und Flexibilität für weitere oder veränderte Nutzungen gewährleistet sind.

Die klare Nordost–Südwest-Ausrichtung des Gebäudekörpers und dessen kompakte Form unterstreicht das konsequent angewandte Konzept für die technische Gebäudeausrüstung. Massive Betonkonstruktionen fungieren als Speichermasse mit geringem Materialaufwand.

Die komplexe Gebäudetechnik ist integraler Bestandteil des Technikum-Neubaus. Die Planer haben sie bis in Details hinein ebenso nachhaltig wie innovativ eingesetzt, frei nach dem Motto, nicht alles zu tun, was möglich ist, sondern nur das vorzusehen, was technisch effizient ist. So wird die natürliche Belüftung im Bedarfsfall durch eine Lüftungsanlage mit 85 % Wärmerückgewinnung unterstützt. Die Energieerzeugung übernimmt eine hocheffiziente Wärmepumpe im Außenbereich.

sienkirche across the longitudinal flank of the Sammelbau with an imposing brick building from the Historicist period. This is a former girls' grammar school, now used by the RWTH, which is also a listed building. From here, the visual and path axis continues in its extension to the Kármán Auditorium.

At right angles to this succinctly prepared, but above all monument-relevant passage, a shorter pedestrian connection leads from the lower-lying Kaiser-Karls-Gymnasium via stairways up to the higher-lying ensemble of buildings of the Technikum and the Sammelbau, where a long time ago there was once an abandoned monastery garden. Passing invitingly designed, intimate little open spaces in the area below and above the new Technikum, one reaches the front of the Sammelbau further up and, just around the corner, its representative main entrance. What was previously an extremely neglected backyard situation has been transformed into a zone of high amenity quality that is gratefully accepted by students and strollers alike. As an added value, it also optimises access to the adjoining wings of the very well-maintained, neighbouring Institute for Materials Science from the 1950s. The formerly introverted old monastery garden has been transformed into a gratefully accepted, sensually stimulating system of publicly accessible squares, passages and stairways with a high quality of stay.

### A first step towards densification: the new building of the Technikum

For the first integral building block of the intended densification, the new Technikum building designed by SSP and executed without any conceptual compromises, surprisingly no additional use of existing space was necessary, because it was possible to use the substructure of a dilapidated multi-storey car park that had been vacant for more than 14 years and had already been heavily deconstructed as a foundation for the new Technikum building. Necessary preparatory work, such as digging an excavation pit, building a foundation or laying floor slabs, could thus be saved. As a result, energy consumption was also optimised. In addition, the different levels of the site, which slopes down to the Augustinerbach stream, could be connected to each other via the base of the Technikum in a way that was both clever and in keeping with the intended use.

The Technikum, equipped with concrete core activation in all storey ceilings, houses an imposing two-storey machine hall in its flat, broadly projecting base clad in anthracite-coloured fibre cement panels. Almost U-shaped, this is flanked on three sides by arcades and laboratory rooms arranged on two floors. Across the wide hall wing and overlapping it like a bracket or bridge, the architects have stretched a narrow, six-storey glazed office block. Where this bar rests on the atmospherically well-tempered, airy pillared hall for the Technikum's mechanical teaching and research equipment, the high hall space below is lit by ceiling lights arranged in strips. In the flat roof area next to the attached building brace, the hall receives direct daylight via large skylight cannons. Wide, high door openings to the newly created forecourt between the Technikum and the neighbouring Institute for Materials Science ensure smooth transport routes and, in addition to the skylights, provide night cooling and smoke extraction.

In contrast to the monolithic-looking, anthracite-coloured, broad block for the machine hall with its associated laboratory areas, the narrow building span for offices and seminar rooms appears downright graceful. This is mainly due to its rear-ventilated glass façades with horizontal stripes in alternating shades of blue. As in the other areas of the entire building group, the colour tones were developed in close consultation with the preservation of historical monuments, whereby they were essentially derived from the subtle colour scheme of the listed neighbouring building for materials science from the 1950s. The choice of materials and the height design of the new building are also based on the existing 1950s buildings next door.

The front of the blue-striped new building block is darkly glazed over its entire height and width. The main staircase and lift are located here, almost like a stage. From here, each floor can be reached barrier-free. The second front side houses the emergency staircase. Thus, the new Technikum presents itself from all sides in an equally balanced and aesthetically convincing manner. Moreover, its role as a missing link in urban development, as a mediator between different topographical levels and corresponding path networks, between the micro- and macrostructures of the disparate campus area, between the lively public and the shielded teaching and research operations, seems tailor-made. In a stupendous, almost self-evident way, the new building seems to have assimilated all the demands and expectations placed on it in a way that is both obvious and appealing.

And yet the added value and efficiency of the new Technikum remain largely hidden from the eyes of the casual observer. For example, the extremely effective A/V ratio, the surface-to-volume ratio, of 0.32 with the building's floor plan designed for changeability guarantees the chairs the possibility of reacting optimally to future requests for change. The required solar protection was achieved by reducing the glazing ratio to 40 % of the total building, using efficient solar control glazing in combination with Ug 1.0 thermal insulation glass and internal glare protection on all sides.

The architects at SSP emphasise that the most important components in terms of energy-efficient, sustainable, equally ecological and economical planning and building are changeability. Future changes should therefore be possible without major alterations and interventions. Variable usability is »the most important indicator of high-quality integral planning, which combines architectural quality with economic efficiency and environmental friendliness«. With this in mind, the new Technikum building was planned with a view to the future for four chairs and pre-equipped in such a way that structural adaptability and flexibility for further or changed uses are guaranteed.

The clear north-east–south-west orientation of the building structure and its compact form underline the consistently applied concept for the technical building equipment. Massive concrete structures act as storage masses with a low material input.

The complex building technology is an integral part of the new Technikum building. The planners have used them in a sustainable and innovative way, right down to the details, in keeping with the motto of not doing everything that is possible, but only providing

Heiz/Kühl-Decken mit integrierter Akustikauflage gewährleisten je nach Bedarf das angestrebte Raumklima. Durch ein maßgeschneidertes Brandschutzkonzept konnte, anders als bei vergleichbar großen Laborgebäuden, auf eine Sprinkleranlage verzichtet werden. Daß alle baukonstruktiven Glieder und Einzelelemente auf die höchste Erdbebenstufe hin ausgelegt sind, versteht sich in Anbetracht des vulkanischen Ursprungs der nahen Eifel fast von selbst. Bei alledem war es den Architekten wichtig, auf dem Dach des Neubaus keinerlei Technikelemente zu installieren. Die Dächer sollten sich als einfache Flachdächer präsentieren, frei von jeglichen Apparaturen.

Mit der gleichen Sorgfalt gingen die Planer auch bei ihrer Auswahl der Materialien vor, wobei deren Ökobilanz stets im Vordergrund stand. Temperaturausgleichender Beton, Zweifachverglasung in Aluminiumrahmen, mineralische Dämmung, Faserzement-Fassaden, Recycling-Materialien für Auffüllungen, all das verkörpert nach dem Bewertungssystem Nachhaltiges Bauen (BNB) eine vorbildliche Materialauswahl, was auch oder gerade in Bezug auf den Lebenszyklus des Neubaus gilt. Ganz besonders wurde schließlich penibel darauf geachtet, daß nur sehr wenige Verbundstoffe zum Einsatz kamen.

So verkörpert der Neubau des Technikums in einer Zeit, in der Begriffe wie Nachhaltigkeit und Ökologie geradezu inflationär verwendet werden, einen zukunftsweisenden Beitrag als Denk-und Handlungsmodell für künftige Universitätsbauten. Auf vielschichtige, intelligente Weise werden hier nämlich fast alle derzeit denk- und machbaren Parameter eines umweltbewußten, nachhaltigen, gleichwohl ökonomischen Bauens in eine ansprechende Baugestalt überführt: eine durch und durch schlüssige baukünstlerische Ausformung, weil in ihr das Lehren, Forschen und Lernen auf adäquate Weise eine stimulierende zeitgenössische Form gefunden hat. Daß diese dabei gleichzeitig auch noch offen ist für alle möglichen zukünftigen Erfordernisse, bedeutet einen unschätzbaren Mehrwert.

### Eine neue Stadtkrone: die Ertüchtigung des alten Sammelbaus

Der zweite Bauabschnitt konfrontierte SSP unter verwandten qualitativen Vorgaben mit gänzlich anderen Herausforderungen. Denn hier ging es nicht um einen weiteren Neubau, sondern um die Ertüchtigung eines in die Jahre gekommenen, zehnstöckigen Hochhauses. Erbaut wurde es im Jahr 1961 von Karl Schlüter (1907 bis 1993). Schlüter trug von 1953 bis 1964 als Vorstand der Staatlichen Bauleitung für den Wiederaufbau der Technischen Hochschule Aachen im wesentlichen die Verantwortung für die Reaktivierung der kriegszerstörten Hochschulbauten. Die Projekte, deren Realisation ihm zuzurechnen sind, prägen bis heute das bauliche Erscheinungsbild der Hochschule. Eng begleitet wurde diese Bautätigkeit von dem Architektenkollegen Erich Kühn (1902–1981), der im Jahr 1953 von der Hochschule auf den Lehrstuhl für Städtebau und Landesplanung berufen worden war.

Genau den über viele Jahrzehnte intensiver Nutzung fast gänzlich abhanden gekommenen ursprünglichen Ausdruck wiederherzustellen und den Sammelbau gleichzeitig für aktuelle und künftige Nutzungen nachhaltig zu ertüchtigen, waren die erklärten Ziele von SSP. Dazu wurde das Bestandsgebäude bis auf die Rohbaustruktur entkernt, bis auf das Betonskelett und die Geschoßdecken zurückgebaut. Erst danach begann man, die erhaltene Struktur sowohl statisch als auch brandschutztechnisch auf den neuesten Standard zu bringen.

Nutzern wie Besuchern präsentiert sich die Hochhausscheibe heute zunächst einmal in einem völlig neuen Gewand. War die alte Vorhangfassade horizontal und vertikal kleinteilig unterschiedlich gerastert, so erscheint die neue Fassade als ruhige horizontale Schichtung aus alternierenden weißen Brüstungs- und bläulich-schwarzen Fensterbändern. Damit wird die Linearität des luftigen Hochhausriegels als Kontrast zur Kompaktheit des benachbarten Technikum-Volumens unterstrichen. Im Inneren wurde die Konstruktion der neuen Fassade als neue Schicht vor das alte Tragwerk gesetzt. Diese Schichtung wirkt im Gebäudeinneren als stimulierendes Element, weil sie haptisch greif- und nachvollziehbar ist.

Die Grundrisse des Zweispänners wurden nicht gravierend verändert, sondern bereinigt und behutsam heutigen Lehrstuhl- und Seminarraumbedürfnissen angepaßt. Ein Clou der subtilen Reorganisation besteht darin, daß die nördliche Spange des Zweispänners direkt hinter dem Mittelflur, also lehrstuhlintern eine weitere, schmale flurähnliche Zone erhielt. Sinnvollerweise dient diese Flurdoppelung der Unterbringung von Archiv-, Lager-, Kopier- und Abstellbereichen, von Nutzungen also, die ein Lehrstuhl zwar benötigt, die ansonsten aber die Arbeit in den offenen Großraumbüros stören würden.

Dank eines differenzierten LED-Ausleuchtungskonzepts sind die langen Mittelflure hell und freundlich, Korridor- oder Fluchtängste werden durch einen anregend rhythmisierten, abschnittsweisen Wechsel von Hell-Dunkel-Zonen verhindert. Alle haustechnisch erforderlichen Rohrleitungen, Kabelschächte usw. sind aus ökonomischen Gründen offen unter den Flurdecken geführt. Durch abgehängte Decken aus filigranen, weiß lackierten Lochblechlamellen hindurch schimmernd, bleiben sie visuell präsent und für die Wartung leicht zu erreichen.

Geschoßweise erschlossen werden die Flure von der Haupteingangsseite her durch große Foyers. Hier befinden sich auch die Hauptaufzüge und Sanitärräume. Raumhohe »Supergraphics« in Gestalt großer schwarzer Ziffern verraten, auf welcher Etage man sich jeweils befindet. Samtig graue Estrichböden leiten in die langen Flure über. Kleine Stehtische und entsprechende Sitzbänke dienen als Treff- und Orientierungspunkte, die zu informellen Gesprächen einladen. Die Foyers besitzen Fenster zur Stadtseite und eröffnen mit zunehmender Geschoßzahl imposante Ausblicke. Hier kann man an den schwarz lackierten tiefen Fensterlaibungen die tektonisch geschichtete Verknüpfung von alten und neuen Fassadenkonstruktionen haptisch besonders gut ertasten und nachfühlen.

Die beiden der Erschließung dienenden Kopfenden erhielten mit der Umstrukturierung die gleiche Fassadenstruktur wie die Längsseiten, so daß sie komplett von der Gebäudehülle umschlossen werden. Aus statischen und brandschutztechnischen Gründen mußten diese Bereiche besonders ertüchtigt, quasi neu aufgebaut und verstärkt werden. Deshalb tritt hier die Schichtung von alter und neuer Fassadentragstruktur erheblich raumgreifender zutage als an den Längsseiten. Wenn man hoch oben in der lichtdurchfluteten, südwestlich ausgerichteten Treppenhauskanzel des achten Obergeschosses steht, eröffnen sich grandiose Vogelschaublicke auf den Aachener Dom und die gesamte Altstadt mit

6. Sammelbau der Fakultät für Machinenwesen. Alter Zustand, 2010. (Photo: Jörg Hempel.)
7. Sammelbau der Fakultät für Machinenwesen. Neuer Zustand, 2018. (Photo: Jörg Hempel.)

6. Sammelbau of the Faculty of Mechanical Engineering. Old condition, 2010. (Photo: Jörg Hempel.)
7. Sammelbau of the Faculty of Mechanical Engineering. New condition, 2018. (Photo: Jörg Hempel.)

what is technically efficient. For example, natural ventilation is supported by a ventilation system with 85 % heat recovery when needed. Energy is generated by a highly efficient heat pump in the outdoor area. Heating/cooling ceilings with integrated acoustic overlays ensure the desired room climate as required. Thanks to a customised fire-protection concept, it was possible to dispense with a sprinkler system, unlike in comparably large laboratory buildings. In view of the volcanic origin of the nearby Eifel region, it goes without saying that all structural elements and individual elements are designed for the highest earthquake level. In all this, it was important to the architects not to install any technical elements on the roof of the new building. The roofs were to present themselves as simple flat roofs, free of any apparatus.

The planners also took the same care in their choice of materials, always focusing on their ecological balance. Temperature-equalising concrete, double glazing in aluminium frames, mineral insulation, fibre-cement façades, recycled materials for fillings, all this embodies an exemplary choice of materials according to the Sustainable Building Rating System (BNB), which also or especially applies to the life cycle of the new building. Finally, special care was taken to ensure that very few composite materials were used.

Thus, at a time when terms such as sustainability and ecology are being used almost inflationarily, the new Technikum building embodies a forward-looking contribution as a model for thought and action for future university buildings. In a multi-layered, intelligent way, almost all the currently conceivable and feasible parameters of environmentally conscious, sustainable, yet economical construction have been transferred into an appealing building form: a thoroughly coherent architectural design, because in it teaching, research and learning have found an adequate, stimulating contemporary form. The fact that it is at the same time open to all possible future requirements is an indestimable added value.

## A new city crown: the renovation of the old Sammelbau

The second construction phase confronted SSP with completely different challenges under similar qualitative specifications. This was not another new building, but the refurbishment of an aging ten-storey high-rise building. It was built in 1961 by Karl Schlüter (1907 to 1993). From 1953 to 1964, Schlüter, as head of the State Construction Management for the Reconstruction of the Technische Hochschule Aachen, was mainly responsible for the reactivation of the university buildings destroyed during the war. The projects for which he was responsible still characterise the architectural appearance of the university today. This building activity was closely accompanied by fellow architect Erich Kühn (1902–1981), who was appointed by the university to the chair of urban planning and regional planning in 1953.

SSP's declared goals were to restore precisely the original expression that had been almost completely lost over many decades of intensive use, and at the same time to make the Sammelbau sustainably fit for current and future uses. For this purpose, the existing building was gutted down to the shell structure, dismantled down to the concrete skeleton and the storey ceilings. Only then did they begin to upgrade the remaining structure both statically and in terms of fire protection according to the latest standards.

Today, the high-rise building presents itself to users and visitors alike in a completely new guise. Whereas the old curtain wall had different horizontal and vertical grids, the new façade appears as a calm horizontal layering of alternating white parapets and bluish-black window bands. This emphasises the linearity of the airy high-rise block as a contrast to the compactness of the neighbouring Technikum volume. Inside, the construction of the new façade was placed as a new layer in front of the old supporting structure. This layering acts as a stimulating element inside the building because it is haptically tangible and comprehensible.

The floor plans with double-loaded corridors were not seriously altered, but cleaned up and carefully adapted to meet today's needs for chairs and seminar rooms. One of the highlights of the subtle reorganisation is the fact that the northern section of the building has been given a further narrow corridor-like zone directly behind the central corridor, i. e. inside the office area. It makes sense to use this corridor doubling to accommodate archives, storage, copying and storage areas, i. e. uses that a chair needs but which would otherwise interfere with the work in the open-plan offices.

Thanks to a differentiated LED lighting concept, the long central corridors are bright and friendly; corridor or escape anxieties are prevented by a stimulating rhythmic, sectional alternation of light and dark zones. All pipe-lines, cable ducts, etc. required for building services are routed openly under the corridor ceilings for economic reasons. Shimmering through suspended ceilings made of filigree, white-painted perforated metal lamellae, they remain visually present and easy to reach for maintenance.

The corridors are accessed floor by floor from the main entrance side through large foyers. The main lifts and sanitary facilities are also located here. Room-high »supergraphics« in the form of large black numbers reveal which floor you are on. Velvety grey screed floors lead into the long corridors. Small bar tables and corresponding benches serve as meeting and orientation points, inviting informal conversations. The foyers have windows facing the city and open up impressive views as the number of storeys increases. Here, the tectonically layered linking of old and new façade constructions can be felt and sensed particularly well in the black-painted deep window reveals.

The two ends of the building, which serve as access points, were given the same façade structure as the long sides, so that they are completely enclosed by the building shell. For structural and fire protection reasons, these areas had to be specially strengthened, virtually rebuilt and reinforced. This is why the layering of old and new façade support structure is much more evident here than on the long sides. Standing high up in the light-flooded, south-west-facing stairwell pulpit of the eighth floor, magnificent bird's-eye views of Aachen Cathedral and the entire old town with the town hall open up. Even the foothills of the Eifel come within reach when viewed from up there. Here and only here does one understand why the high-rise slab of the Sammelbau was once swivelled in precisely this direc-

dem Rathaus. Selbst die Höhenzüge der Eifel rücken, von dort oben aus betrachtet, in greifbare Nähe. Hier und nur hier versteht man, warum die Hochhausscheibe des Sammelbaus einst in genau diese Richtung eingeschwenkt wurde. Die Treppenhäuser beider Kopfenden sind farbig gefaßt, wobei die Farbtöne erneut aus dem Farbenspektrum eines benachbarten, unter Denkmalschutz stehenden 1950er-Jahre-Baus, aus dem des Gebäudes für Werkstoffkunde, abgeleitet sind. Die verschiedenfarbig behandelten und damit auch für eine besserere Orientierung sorgenden Treppenhäuser schimmern bei Nacht einladend durch den Filter der Vorhangfassaden hindurch.

Besondere Sorgfalt haben die Architekten vor allem dem neuen Haupteingang an der Ecke zur Eilfschornsteinstraße gewidmet. Eigentlich wäre der hart am Eck des langen Hochhausriegels liegende Haupteingang stadträumlich leicht zu übersehen, obwohl er sich direkt, jedoch kaum wahrnehmbar zum altehrwürdigen Hauptgebäude der RWTH hin ausrichtet. Um den Zugang zum Sammelbau als öffentlichen Haupteingang aufzuwerten, haben die Architekten daher ein repräsentatives, auch stadträumlich wirksames neues Entrée geschaffen. Buchstäblich »untermauert« wird die neue Akzentuierung dieses Entrées dadurch, daß man der Eingangssituation, die über sieben Fensterachsen hinweg raumhoch verglast ist, ein breit ausladendes Treppenpodest vorgelagert hat. Auf dieses Podest haben die Planer einen im Bauprogramm ursprünglich gar nicht vorgesehenen modernen Portikus gestellt. Dieser besteht aus einem kühn ausschwingenden Flugdach, das signifikant über die Gebäudeecke hinausragt. Frei nach dem Motto »noblesse oblige« ruht das einladende Dach auf edelstahlverkleideten Stützen, wodurch unterschwellig Mies-van-der-Rohe-Assoziationen geweckt werden. Um die Autonomie des neuen Portikus gegenüber der Hochhausscheibe zu betonen und baukonstruktive Anschlußprobleme zu vermeiden, wurde zwischen dem neuen Dach und der Eingangsfassade ganz einfach eine nicht zu übersehende Lichtfuge belassen. So ist es den Architekten mit leichter Hand gelungen, einen relativ ungünstigen Zugangsbereich mit Hilfe eines stadträumlich wirksamen Portals haptisch aufzuladen und in eine offene und einladende Architekturplastik umzuwidmen.

Hat man den repräsentativen Eingang passiert, betritt man das lichtdurchflutete, schöne Foyer mit Pförtnerloge und Wartezonen. Von hier aus erreichen Lehrende und Studierende alsbald ein weiteres Highlight des Sammelbaus. Gemeint ist der große Hörsaal, der sich bis zum Kellergeschoß hinab steil absenkt. Höchst eindrucksvoll präsentiert sich dieser in strahlendem Weiß als asketisch strenge, monumentale zweigeschossige Halle. Gleichsam als Kontrapunkt zu der fast schon klinisch anmutenden Reinheit sind Lamellendecke, Rückwand, Fußboden und Bestuhlung unisono in einem hellleuchtenden Grünton gefaßt. Wenn der Saal nicht verdunkelt ist, erhält er im oberen Bereich sogar noch Tageslicht. Digital optimal ausgerüstet und infrastrukturell mit dem derzeit wohl fortschrittlichsten Equipment ausgestattet, dürfte der große Hörsaal für Lehrer wie Studenten eine echte Bereicherung verkörpern. Denn in diesem wunderschönen, minimalistischen Saal läßt es sich vermutlich vortrefflich lehren und zuhören. Unter dem Hörsaal liegt das eigentliche Kellergeschoß, das übrigens auch über einen Nebeneingang direkt mit dem Hörsaal verbunden ist. Dort sind weitere wichtige kleine Werkstätten und Forschungslabore untergebracht.

Was Kriterien wie Ökobilanz, Ökonomie, Nachhaltigkeit, Energieeffizienz, Materialwahl, Belichtung oder Belüftung anbelangt, so steht der frisch ertüchtigte Sammelbau dem benachbarten Neubau des Technikums in keiner Weise nach. Auch hier waren Nachhaltigkeit, Energieeffizienz und Flexibilität wesentliche Entwurfsparameter. Und wie beim benachbarten Technikum haben die Architekten von SSP auch bei der Ertüchtigung des Altbaus programmatisch auf jedweden fest installierten hohen Dachaufbau verzichtet. Weil aber für die gesamte Baugruppe durchgängig ein hoher Kühlungsbedarf besteht, haben sie vor der Nordwestseite des Sammelbaus zwei lastwagengroße, halb in das Erdreich eingelassene Kühlaggregate installiert, orangefarbig lackierte Maschinen, gut vom Eingang her sichtbar. Maschinen als Symbol einer Fakultät für Maschinenbau? Rundum mit hohen Gitterstäben »werthaltig« eingehaust, wirken die Kühlaggregate wie Schauobjekte, ja fast schon wie Kunst-am-Bau-Installationen.

### Mehrwertigkeiten für die Stadt Aachen und ihre RWTH

Hat man den gleichsam wie ein Phönix aus der Asche wieder auferstandenen Sammelbau innen wie außen inspiziert, stellt sich fast zwangsläufig so etwas wie Bewunderung oder Hochachtung ein. Bewunderung dafür, daß ein heruntergewirtschafteter 1960er-Jahre-Bau nicht einfach abgerissen, sondern statt dessen effizienter und schöner als je zuvor wiederhergestellt worden ist. Und Hochachtung vor der Durchsetzungsfähigkeit, der ökologischen Stringenz und der ungebrochenen gestalterischen Kraft, welche die Architekten und Ingenieure dafür aufgebracht haben. Somit dürfte der neualte Sammelbau gerade in einer Zeit, in welcher der Terminus »reuse« Hochkonjunktur hat, weit über Aachen und Nordrhein-Westfalen hinaus in technologischer und gestalterischer Hinsicht ein Vorzeigeprojekt werden.

Als städtebauliche und nutzungsdefinierte Einheit verkörpert das Ensemble von Sammelbau und Technikum einen regelrechten Glücksfall, weil hier über alle bautechnischen, bauökologischen, bauökonomischen Parameter und Nachhaltigkeitsvorstellungen weit hinausreichend eine Gestaltdichte und formalästhetische Kohärenz erreicht worden ist, die zumindest auf dem Sektor der Universitätsbauten immer noch selten anzutreffen ist. Zweifelsfrei steht dieses Ensemble den Sanierungs- und Neubauvorhaben der Ruhr-Universität Bochum und auch denen der Bergischen Universität Wuppertal in nichts nach. Und selbst die Sanierung des Sammelbaus dürfte man – isoliert betrachtet – durchaus in einem Atemzug mit dem kürzlich sanierten und vielfach mit Preisen ausgezeichneten Hochhaus K 1 der Universität Stuttgart nennen. Der eigentliche Mehrwert des ganzen Projekts ist freilich darin zu sehen, daß hier auf dem alten Aachener Campus neue oder wiederhergestellte Orte entstanden sind, die man mit Fug und Recht als neue »Stadtkrone« bezeichnen darf – Orte in denen und um die herum das Forschen und Lehren wieder regelrecht Freude macht und die tatsächlich Aufbruchstimmung erzeugen. Gibt es für Bauherren und Architekten irgendwo auf der Welt ein schöneres Resümee?

**Andere neuere Projekte des Büros für den Bildungsbereich**
1,2. SSP AG, Reinoldi-Gesamtschule, Dortmund, 2020. (Photos: Detlef Podehl.)
3. SSP AG, Werkzeugmaschinenhalle des Werkzeugmaschinenlabors, RWTH Aachen, 2021. (Photo: Jörg Hempel.)
4. SSP AG, Institut für Metallphysik und Metallkunde, RWTH Aachen, 2025. (Visualisierung: Jost Hauer.)
5. SSP AG, Zentrum für digital vernetzte Produktion, RWTH Aachen, Wettbewerbsprojekt, 2018. (Visualisierung:Daniel Esser.)
6. SSP AG, Cube 3: Institut für Technische Akustik, Institut für Theoretische Elektrotechnik und Institut für Kommunikationssysteme, RWTH Aachen, Wettbewerbsprojekt, 2019. (Visualisierung: nightnurse images.)

**Other recent projects of the office for the education sector**
1, 2. SSP AG, Reinoldi-Gesamtschule, Dortmund, 2020. (Photos: Detlef Podehl.)
3. SSP AG, machine-tool hall of the Laboratory for Machine Tools and Production Engineering, RWTH Aachen, 2021. (Photo: Jörg Hempel.)
4. SSP AG, Institute of Metal Physics and Metallurgy, RWTH Aachen, 2025. (Visualisation: Jost Hauer.)
5. SSP AG, Centre of Digitally Networked Production, RWTH Aachen, competition project, 2018. Visualisation: Daniel Esser.)
6. SSP AG, Cube 3: Institute of Technical Acoustics, Institute of Theoretical Electrical Engineering and Institute of Communication Systems, RWTH Aachen, competition project, 2019. (Visualisation: nightnurse images.)

tion. The staircases at both ends of the building are coloured, the hues again being derived from the colour spectrum of a neighbouring listed 1950s building, the Materials Science Building. The staircases, which are treated in different colours and thus also provide better orientation, shimmer invitingly through the filter of the curtain walls at night.

The architects paid special attention to the new main entrance at the corner of Eilfschornsteinstraße. Actually, the main entrance, located hard on the corner of the long high-rise block, would be easy to overlook in terms of urban space, although it faces the venerable main building of the RWTH directly but hardly noticeably. In order to enhance the access to the Sammelbau as the main public entrance, the architects have therefore created a representative new entrance that is also effective in terms of urban space. The new accentuation of this entrance is literally »underpinned« by the fact that the entrance situation, which is glazed room-high across seven window axes, is preceded by a wide, projecting stair landing. On this landing, the planners have placed a modern portico that was not originally planned in the building programme. This consists of a boldly cantilevered flying roof that projects significantly beyond the corner of the building. In keeping with the motto »noblesse oblige«, the inviting roof rests on stainless steel-clad supports, subliminally evoking associations with Mies van der Rohe. In order to emphasise the autonomy of the new portikus in relation to the high-rise slab and to avoid structural connection problems, a light gap was simply left between the new roof and the entrance façade. The architects have thus succeeded with a light hand in haptically charging a relatively unfavourable access area with the help of an effective urban portal and rededicating it into an open and inviting architectural sculpture.

Once you have passed the representative entrance, you enter the light-flooded, beautiful foyer with porter's lodge and waiting areas. From here, teachers and students soon reach another highlight of the building. This is the large lecture hall, which descends steeply to the basement level. It presents itself most impressively in radiant white as an ascetically austere, monumental two-storey hall. As a counterpoint to the almost clinical purity of the hall, the slatted ceiling, back wall, floor and seating are all painted in a bright green. When the hall is not darkened, it even receives daylight in the upper area. Digitally optimally equipped and infrastructurally provided with the most advanced equipment currently available, the large lecture hall should be a real enrichment for teachers and students alike. This beautiful, minimalist hall is probably an excellent place to teach and listen. Below the lecture hall is the basement, which is also directly connected to the lecture hall via a side entrance. Other important small workshops and research laboratories are housed there.

As far as criteria such as ecological balance, economy, sustainability, energy efficiency, choice of materials, lighting or ventilation are concerned, the newly upgraded Sammelbau is in no way inferior to the neighbouring new Technikum building. Here, too, sustainability, energy efficiency and flexibility were key design parameters. And as with the neighbouring Technikum, the architects at SSP have also programmatically dispensed with any permanently installed high roof structure in the upgrading of the old building. However, because there is a high cooling requirement for the entire assembly throughout, they installed two cooling units in the size of a ladder truck, half embedded in the ground, in front of the south-west side of the Sammelbau, orange-painted machines that are clearly visible from the entrance. Machines as a symbol of a faculty of mechanical engineering? With the cooling units »value-enclosed« all around with high lattice bars, they look like showpieces, almost like art-on-building installations.

## Added values for the city of Aachen and its RWTH

Once you have inspected the Sammelbau, which has risen like a phoenix from the ashes, both inside and out, you almost inevitably feel something like admiration or respect. Admiration that a run-down 1960s building has not simply been demolished, but instead restored more efficiently and beautifully than ever before. And admiration for the assertiveness, the ecological stringency and the unbroken creative power that the architects and engineers have brought to bear. Thus, especially at a time when the term »reuse« is booming, the new-old Sammelbau is likely to become a showcase project in terms of technology and design far beyond Aachen and North Rhine-Westphalia.

As an urban development and use-defined unit, the ensemble of Sammelbau and Technikum embodies a downright stroke of luck. Because here a density of form and formal-aesthetic coherence has been achieved that goes far beyond all constructional, ecological and economic parameters and ideas of sustainability, which is still rarely found, at least in the sector of university buildings. Without a doubt, this ensemble is in no way inferior to the renovation and new construction projects of the Ruhr University Bochum and also those of the Bergische Universität Wuppertal. And even the refurbishment of the Sammelbau – viewed in isolation – might well be mentioned in the same breath as the recently refurbished K 1 high-rise building at the University of Stuttgart, which has won numerous awards. The real added value of the whole project is, of course, that new or restored places have been created here on the old Aachen campus that can justifiably be called the new »city crown« – places in and around which research and teaching are once again a real pleasure and which really do generate a spirit of optimism. Is there a better résumé for builders and architects anywhere in the world?

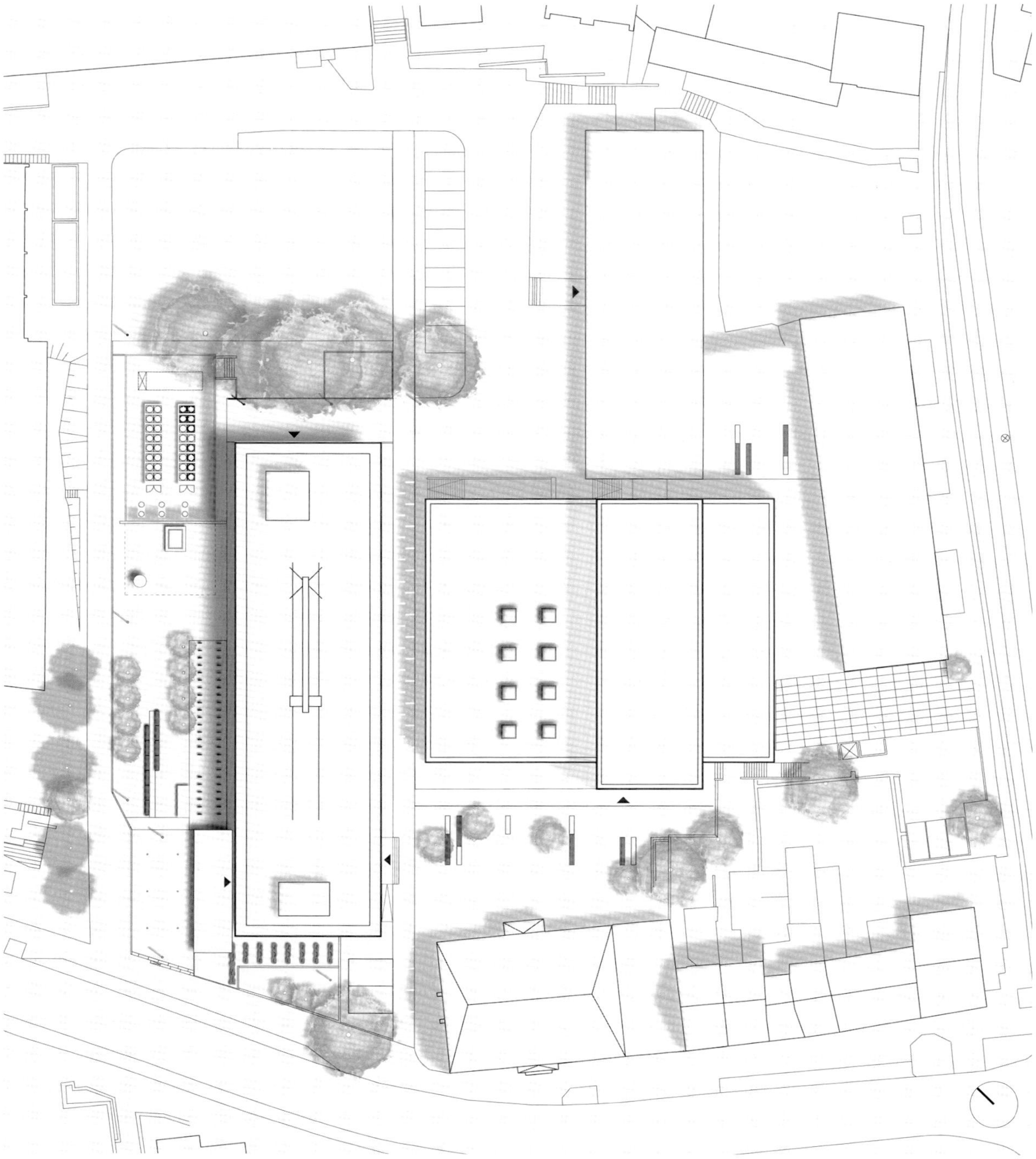

1. Lageplan des Sammelbaus und des Technikums der Fakultät für Machinenwesen.
2.Schwarzplan zur Illustration der Lage der Gebäude im Stadtgefüge.
3. Luftphoto, aufgenommen vor dem Umbau.

1. Site plan of the Sammelbau and the Technikum of the Faculty of Mechanical Engineering.
2. Black plan to illustrate the location of the buildings in the urban context.
3. Aerial photograph taken before the reconstruction.

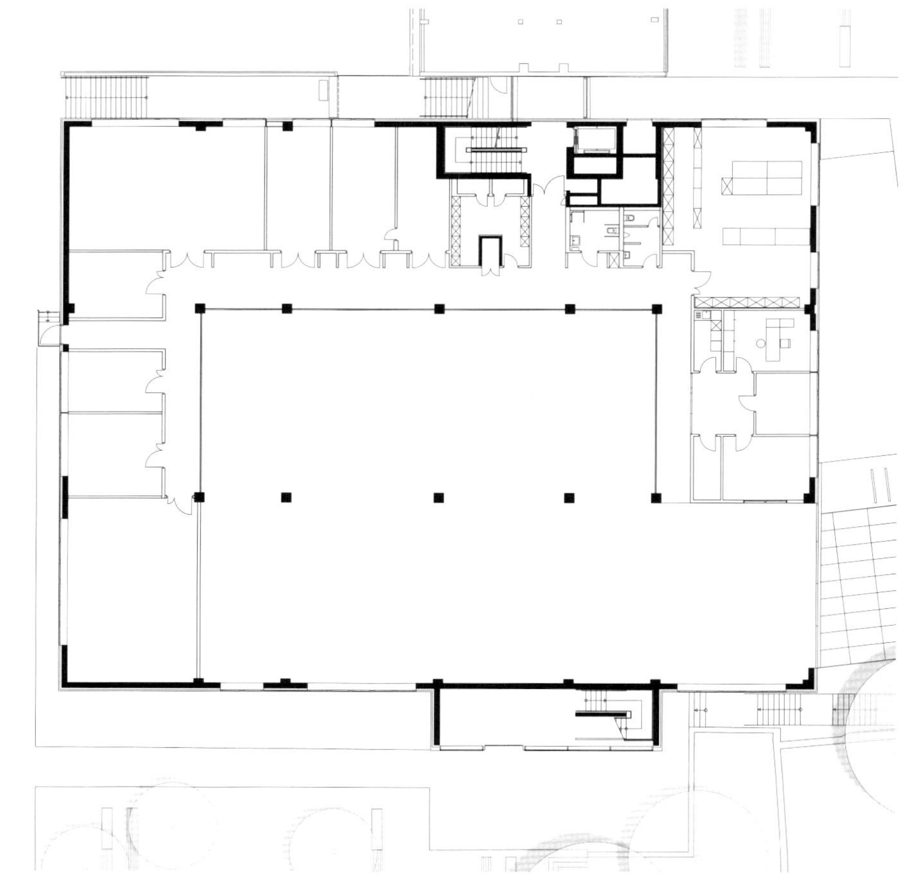

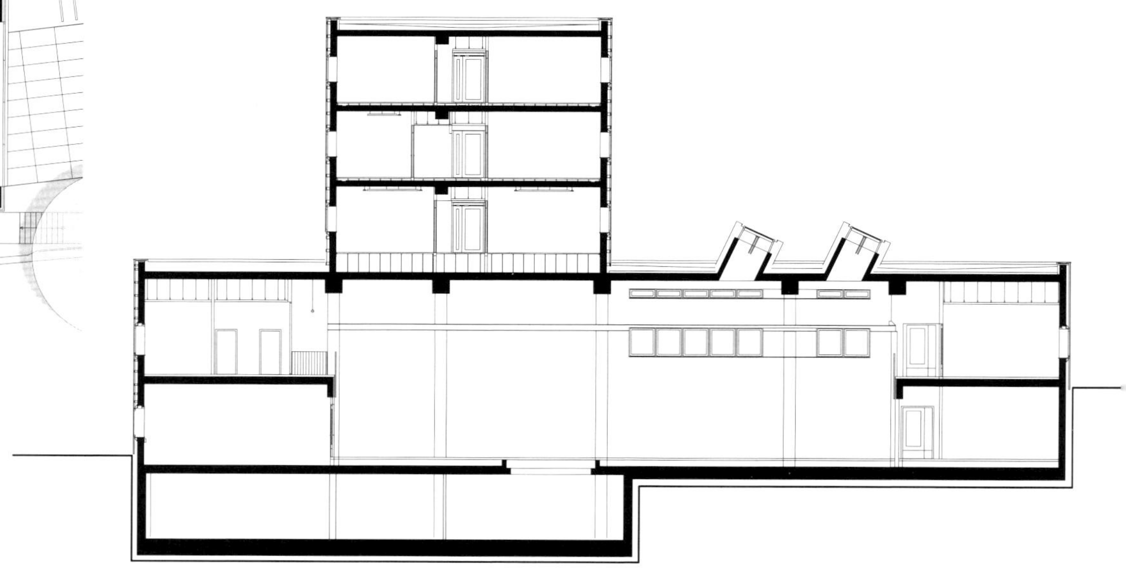

4–6. Pläne des Technikums der Fakultät für Machinenwesen. Grundrisse des Erdgeschosses sowie eines Obergeschosses und Schnitt.
7, 8. Pläne des Sammelbaus der Fakultät für Machinenwesen. Grundriß des Erdgeschosses und Schnitt.

4–6. Plans of the Technikum of the Faculty of Mechanical Engineering. Plans of the ground floor and an upper floor and section.
7, 8. Plans of the Sammelbau of the Faculty of Mechanical Engineering. Plans of the ground floor and an upper floor and section.

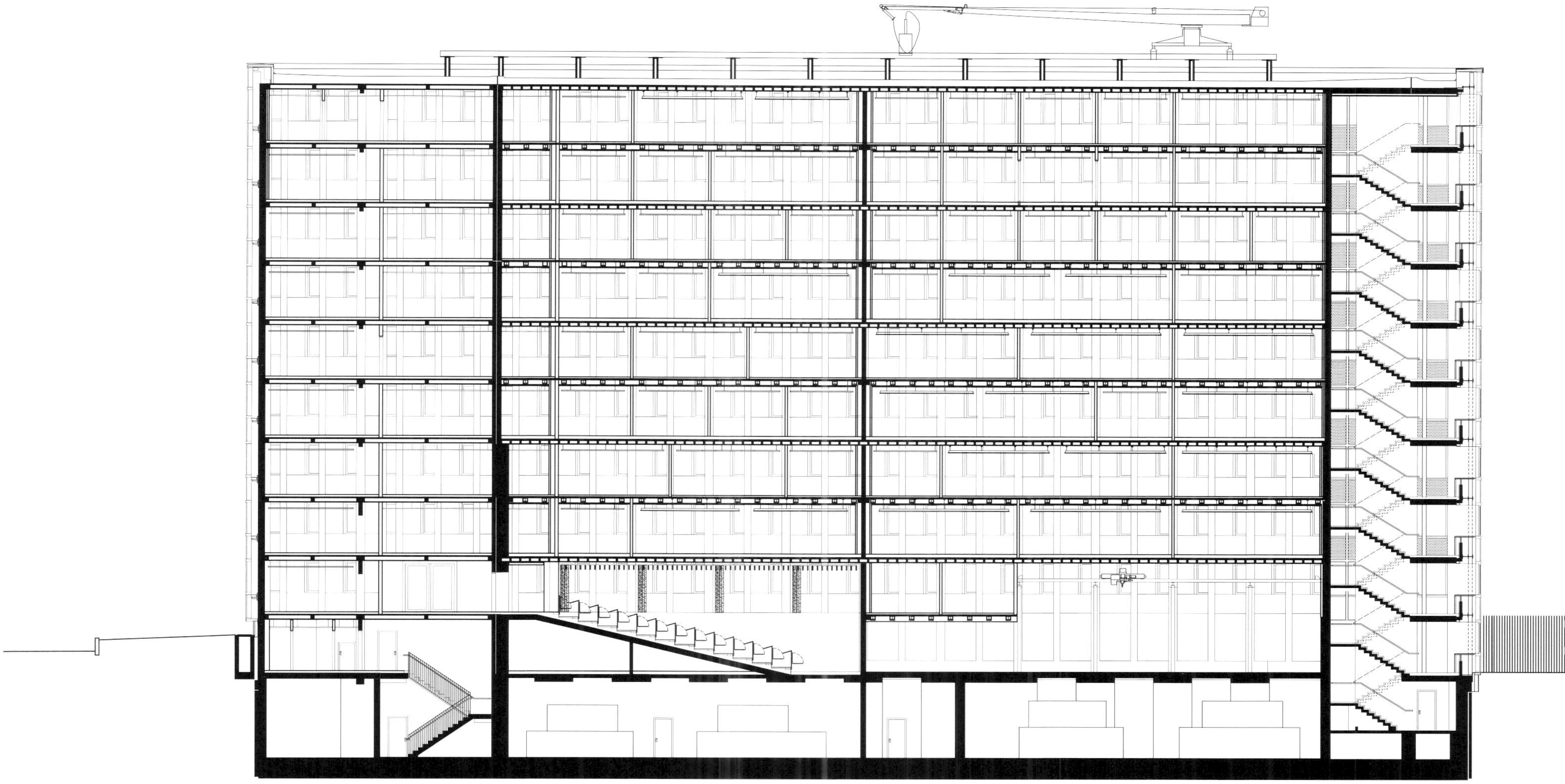

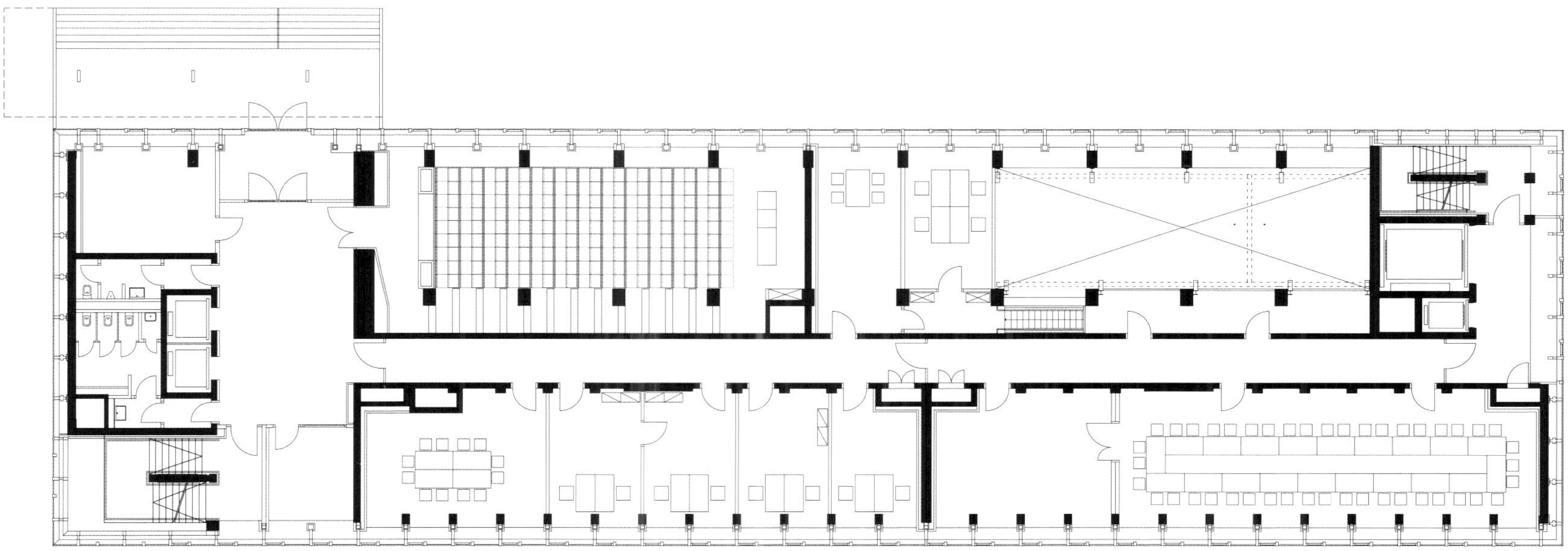

1. Gesamtansicht des Sammelbaus und des Technikums von Südwesten.
2. Der Sammelbau von Westen.
3. Der Sammelbau von Nordwesten.

1. General view of the Sammelbau and the Technikum from the south-west.
2. The Sammelbau from the west.
3. The Sammelbau from the north-west.

S. 22/23
4. Der Sammelbau und das Technikum von Südwesten.

pp. 22/23
4. The Sammelbau and the Technikum from the south-west.

5. Der Bürotrakt des Technikums von Südwesten.
6. Der Bürotrakt des Technikums von Norden.
7. Gesamtansicht des Technikums von Westen.

5. The office tract of the Technikum from the south-west.
6. The office tract of the Technikum from the north.
7. General view of the Technikum from the west.

8. Die Treppenanlage des Technikums am Südwest-ende des Gebäudes.
9. Die Treppenanlage des Technikums am Nordost-ende des Gebäudes.

8. The staircase of the Technikum at the south-west end of the building.
9. The staircase of the Technikum at the north-east end of the building.

5.01

10. Die Maschinenhalle des Technikums.

10. The machine hall of the Technikum.

11, 12. Die Galerie in der Maschinenhalle des Technikums.

11, 12. The gallery in the machine hall of the Technikum.

13. Der Sammelbau von Südwesten.
14. Der Sammelbau mit dem Eingangsportal von Westen.

13. The Sammelbau from the south-west.
14. The Sammelbau with the entrance portal from the west.

15,16. Das Eingangsportal des Sammelbaus.

15,16. The entrance portal of the Sammelbau.

FIZ

17. Das Eingangsportal des Sammelbaus.

17. The entrance portal of the Sammelbau.

18. Der Foyerbereich als Zugang zu den einzelnen Geschossen des Sammelbaus im Eingangsgeschoß sowie in den Geschossen 3 und 7.

18. The foyer area as access to the individual storeys of the Sammelbau on the entrance floor and on the floors 3 and 7.

3

19, 20. Der Foyerbereich als Zugang zu den einzelnen Geschossen des Sammelbaus in den Geschossen 3 und 7.

19, 20. The foyer area as access to the individual storeys of the Sammelbau on the floors 3 and 7.

21. Vorraum vor den Aufzügen am Nordostende des des Sammelbaus.
22. Mittelgang im Sammelbau.

21. Anteroom in front of the lifts at the north-east end of the Sammelbau.
22. Central corridor in the Sammelbau.

23, 24. Die Treppenanlagen am Südwest- und am Nordostende des Sammelbaus.

S. 46/47
25. Der Hörsaal im Eingangsgeschoß des Sammelbaus.

23, 24. The staircases at the south-west and the north-east end of the Sammelbau.

pp. 46/47
25. The lecture hall on the entrance floor of the Sammelbau.

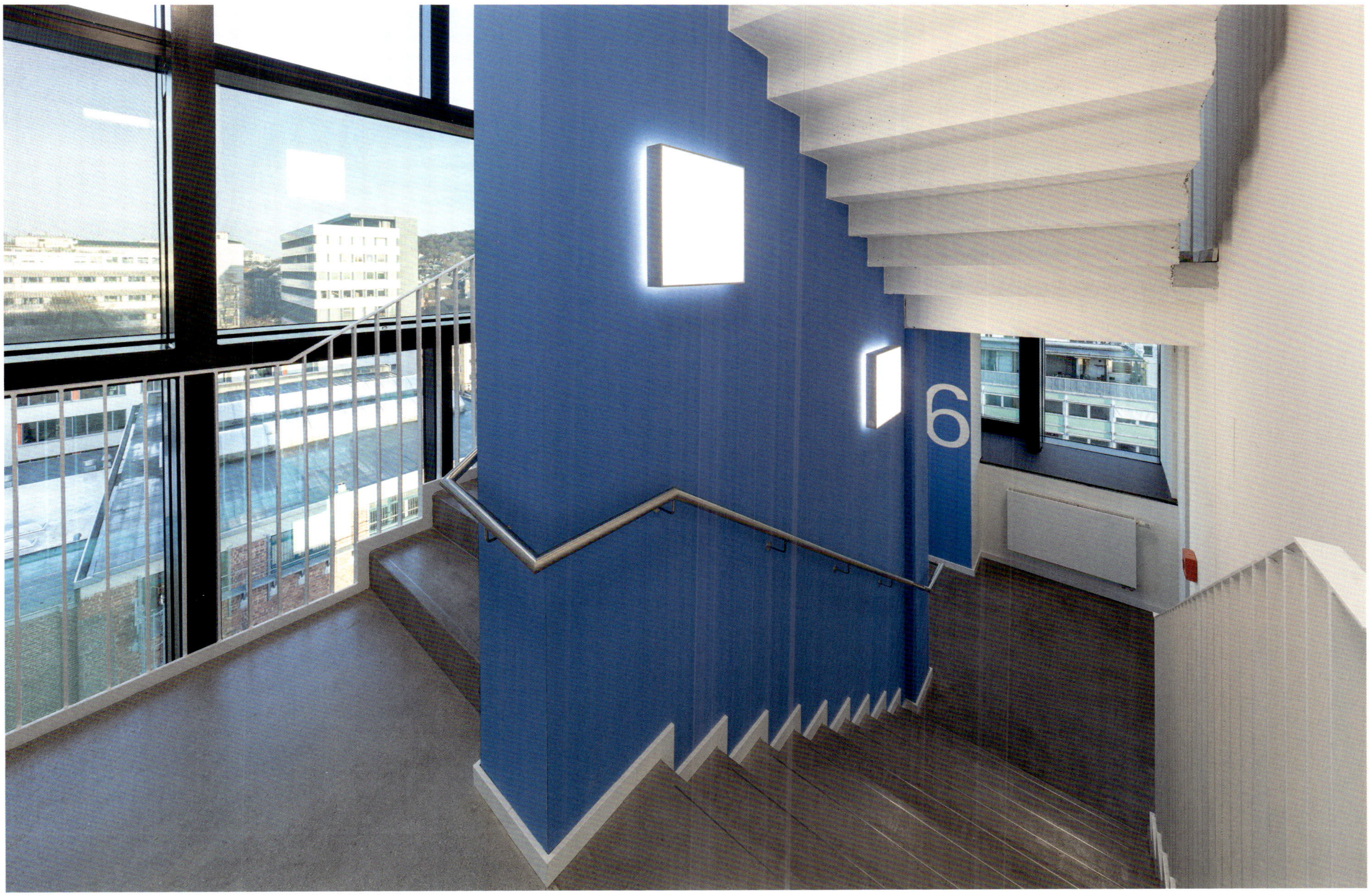

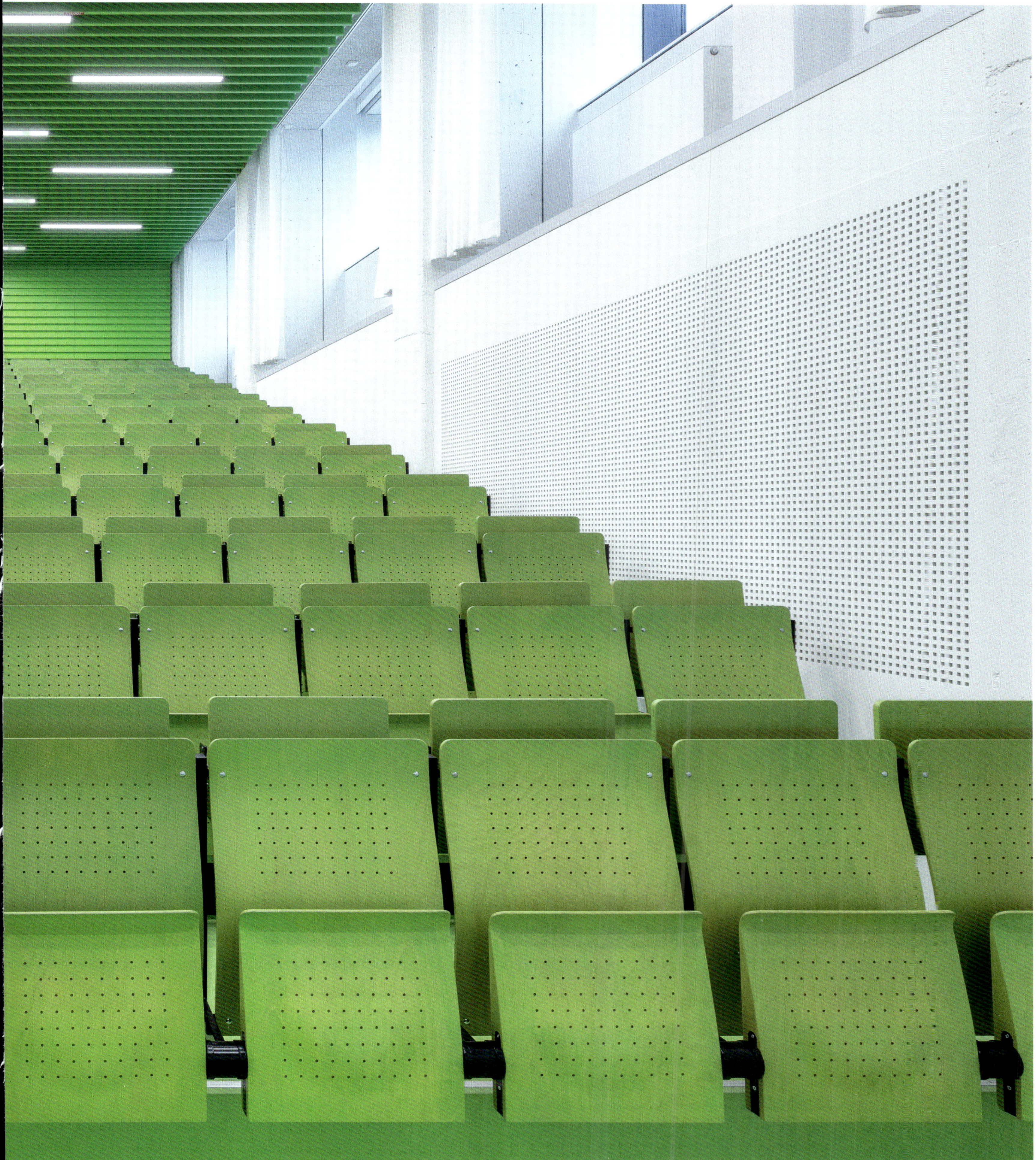

26, 27. Der Hörsaal im Eingangsgeschoß des Sammelbaus.

S. 50/51
28. Die Kühlaggregate vor der Nordwestseite des Sammelbaus.

26, 27. The lecture hall on the entrance floor of the Sammelbau.

pp. 50/51
28. The cooling aggregates in front of the north-west side of the Sammelbau.

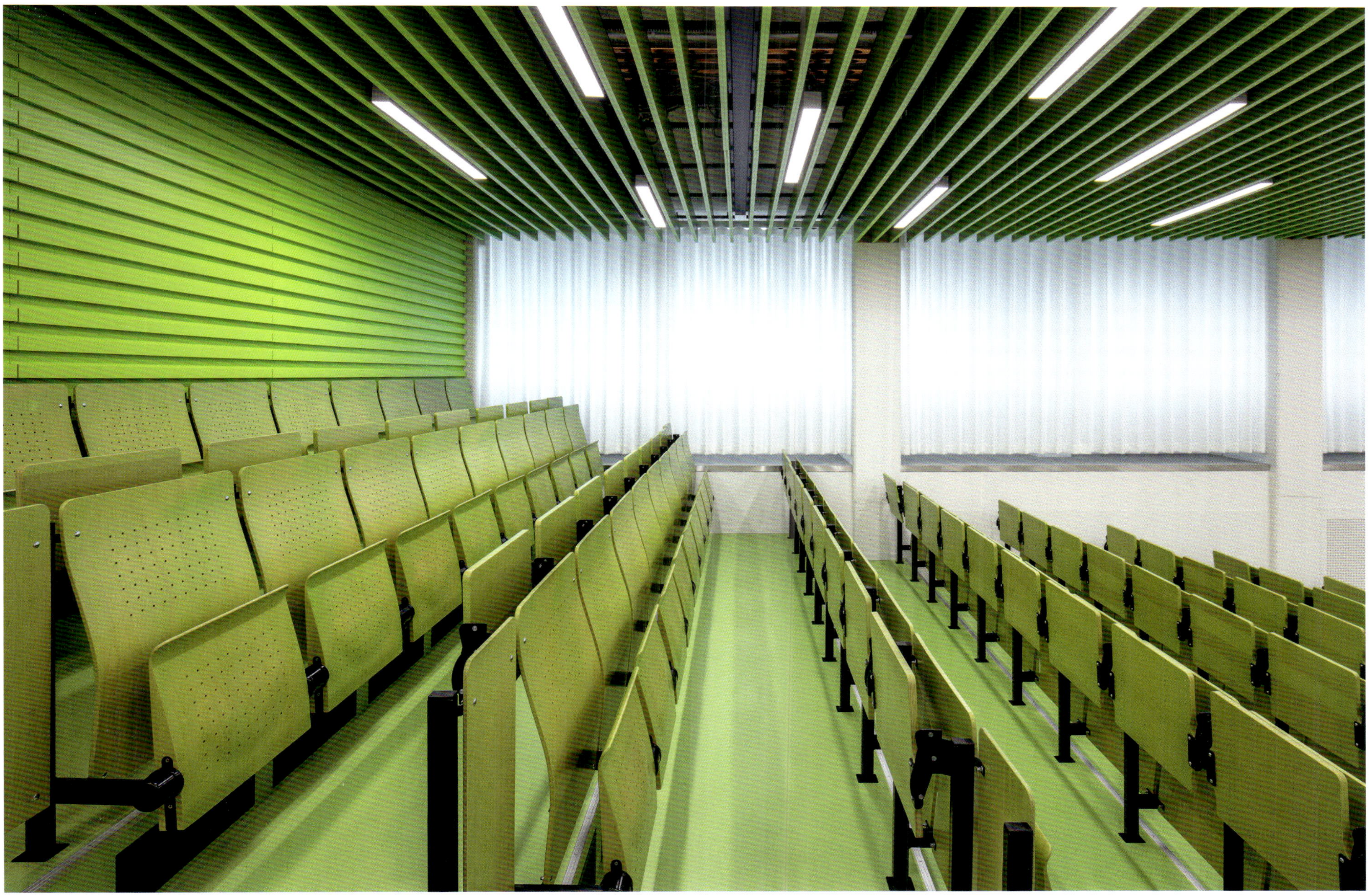

**RWTH Aachen, Fakultät für Maschinenwesen**
Eilfschornsteinstraße 18
52062 Aachen

**Bauherr / Client**
Bau- und Liegenschaftsbetrieb NRW, Niederlassung Aachen
Ute Willems, Karsten Schellmat, Victor Golubowitsch, Jürgen H. Schramke, Armin Neu, Norbert Tarnath, Willi Vonderbank, Claudia Odekerken, Ulf Reimann, Daniel Fensky, Ulrich Gansewendt, Christiane Jansen, Kerstin Birken, Petra Mattuscheck

**Nutzer / User**
RWTH Aachen
Gabriele Golubowitsch, Geva Aschhoff, Peter Peters, Karl Heinz Tietze, Peter Firmstone, Alexander Esser, Michael Ebrahimzadeh, Sascha Sobczyk, Elvira Bangel

**Architekten / Architects**
SSP AG, Bochum
*VOF-Wettbewerb / VOF competition* Matthias Kraemer, Thomas Schmidt, Dietmar Sommer, Hubertus Zimmerling, Carsten Woltermann
*Projektleitung / Project management* Thomas Schmidt, Thorsten Lage, Stefan Bielefeld, Matthias Risse
*Projektarchitekten / Project architects* Sebastian Riz, Ann-Kathrin Goerke, Carsten Woltermann, Matthias Solbach, Stefan Schumacher, Wolfgang Rösner, Marco Kubiak
*Bauleitung / Site management* Sebastian Riz, Franz Rümenapp, Heinz Lenzmann, Michael Hoppe, Laureen Vincent, Tim Schauerte, Nicole Benders, Gerti Balzer, Rosy Skorsinsky
*Technische Ausrüstung / Technical equipment* Matthias Risse, Dietmar Sommer, Timo Sommer, Takashi Fukushima
*Brandschutz / Fire prevention* Markus Fleißgarten
*Elektrotechnik, Gebäudetechnik / Electrical engineering, building services* Dominik Otto, Andreas Bischoff, Helmut Wieschermann (†)
*Außenanlagen / Outdoor facilities* Sebastian Riz, Stefan Bielefeld

**Tragwerksplanung / Structural engineering**
Ingenieur Group Innovatives Bauen, Düsseldorf, Hubertus Zimmerling
Büro für Tragwerksplanung und Ingenieurbau vom Felde + Keppler GmbH

**Bauphysik/ Building physics**
Graner+Partner, Gladbach

**Vermessung / Surveying**
Vorholz Wüller, Aachen

**Bodengutachtung / Soil experise**
Ingenieurbüro Gell & Partner, Aachen

**Schadstoffgutachtung / Pollutant expertise**
BTS Betrans, Dortmund

**Verkehrsplanung / Traffic planning**
Brilon Bondzio Weiser, Bochum

*An der Umnutzung und Erweiterung der Gebäude beteiligte / Companies involved in the conversion and extension of the buildings*

**Technikum**
Schlüter & Tegeler, Aachen
Goldschmidt Archäologie, Düren
Hundt & Partner, Köln
ARGE Augustinerbach, Aachen
Granderath Bedachungen GmbH, Aachen
e-line GmbH, Baesweiler
Schindler Aufzüge und Fahrtreppen GmbH, Dortmund
Gerüstbau Sensen GmbH, Herzogenrath
Herbert Windsheimer Putz-Stuck-Akustik GmbH, Düsseldorf
WISAG Gebäude- und Industrieservice Nord-West GmbH & Co.KG, Langenfeld
J. Wolfferts GmbH, Essen
G+H Innenausbau GmbH, Duisburg
U. P. Elektro und Datentechnik, Haan
Lorsche Elektrohaustechnik GmbH, Langerwehe
Malermeister Wallbraun, Großbartloff
Vereinigte Holzbaubetriebe Wilhelm Pfalzer & Hans Vogt GmbH & Co. KG, Memmingen
Radeburger Fensterbau GmbH, Radeburg
Krege & Dreßen GbR, Viersen
Kieback & Peter GmbH & Co. KG, Köln
SIKU Brandschutztechnik GmbH, Dortmund
Mechanik Taucha Fördertechnik, Jesewitz
Stone West GmbH, Barsinghausen
OCS Ojo's Cleaning Service, Bonn
Raumausstatterhaus Huppert, Berlingerode
Montage + Anlagenbau Gründken GmbH, Nottuln
Kutsch R&S KU GmbH, Aachen
Johannes Houben GmbH, Heinsberg-Straeten
A. Frauenrath Bauunternehmen, Heinsberg

**Sammelbau**
Kluge Sanierung GmbH, Duisburg
EKOM Industrieservice, Gelsenkirchen
Radeburger Fensterbau GmbH, Radeburg
Adam Hörnig Baugesell schaft mbH & Co.KG, Aschaffenburg
ProSite GmbH, Dorsten
BauIngenieurSozietät (BIS) Sasse & Fiebrich, Aachen
IBR GmbH, Dornburg-Frickhofen
Krumbach Ingenieure, Aachen
IGD Installationsgesellschaft, Herne
Akkerman GmbH, Kranenburg
Elektro J. Beckers GmbH, Alsdorf
AirITSystems, Köln
Dizer & Frasch, Simmern
Elektro J. Beckers GmbH, Alsdorf
Malerbetrieb Sensen, Würselen
Dekora Fliesen GmbH, Geilenkirchen
H-P Molls Bau GmbH & Co. KG, Gangelt
SysKom Kommunikationstechnik GmbH, Chemnitz
TM Ausbau GmbH, Wiesbaden-Nordenstadt
S&H Pfeiffer Sitzmöbel GmbH, Kaiserslautern
Metallbau Nowicki GmbH, Herten
Dachtechnik Meinolf, Würselen
AHA – Anders Hebezeuge & Anschlagmittel, Möser
Euregio Aufzug Technik, Herzogenrath
Johann Sonntag Bauunternehmung, Geilenkirchen
Raumgestalltung Huppert, Berlingerode
Heinz Cohnen Bauelemente GmbH & Co. KG, Aachen
Vereinigte Holzbaubetriebe GmbH & Co. KG, Woringen
Metallbau Jansen GmbH & Co KG, Heinsberg
Peter Dreuw Bauunternehmung GmbH, Aachen
Borcherding Stahlbau GmbH & Co KG, Diepenau-Lavelsloh
Multiclean Sarber GmbH, Köln

**Preise und Auszeichnungen / Prizes and awards**
Iconic Awards 2021, Innovative Architecture. winner
German Design Award 2021, special mention
iF Design Award 2021, finalist
Spark Design Awards 2020, finalist

**Das Buch entstand mit freundlicher Unterstützung von / The book was produced with kind support of**
Schüco International KG, Bielefeld
Büro für Tragwerksplanung und Ingenieurbau vom Felde + Keppler GmbH
TM Ausbau GmbH, Wiesbaden-Nordenstadt
Jörg Hempel Fotografie, Aachen

**Literatur über die RWTH Aachen (Auswahl) / Literature about RWTH Aachen (selection)**
Herwart Opitz, *Die Entwicklung der Rheinisch-Westfälischen Technischen Hochschule Aachen von 1949 bis 1959*, Aachen 1959.
Anton Kurze (Hrsg.), *Aachen. Die Rheinisch Westfälische Technische Hochschule*, Stuttgart 1961 (*Monographien Folge 22*).
Hans Martin Klinkenberg (Hrsg.), *Rheinisch-Westfälische Technische Hochschule Aachen 1870–1970*, Stuttgart 1970.
Klaus Ricking, *Der Geist bewegt die Materie, 125 Jahre Geschichte der RWTH Aachen*, Aachen 1995.